T/CAGHPER 092—2024

目　　次

前言 ··· Ⅲ
引言 ··· Ⅳ
1 范围 ··· 1
2 规范性引用文件 ·· 1
3 术语与定义 ··· 2
4 总则 ··· 3
　4.1 目标 ·· 3
　4.2 原则 ·· 3
　4.3 工作程序 ·· 3
5 基础调查 ··· 3
　5.1 自然生态条件调查 ·· 3
　5.2 地质环境状况调查 ·· 4
　5.3 生态破坏调查 ·· 6
6 生态修复规划与设计 ··· 8
　6.1 总体规划 ·· 8
　6.2 生态修复方案 ·· 10
　6.3 工程实施 ·· 11
7 露天采场生态修复 ·· 13
　7.1 一般要求 ·· 13
　7.2 露天采场底盘生态修复 ·· 13
　7.3 露天采场坡面生态修复 ·· 13
8 排土场生态修复 ··· 14
　8.1 坡面生态整治技术 ·· 14
　8.2 土壤改良技术 ·· 15
　8.3 植被修复技术 ·· 15
　8.4 排土场修复与再利用技术要求 ·· 16
9 矿山工业场地生态修复 ·· 17
10 矿区专用道路生态修复 ·· 17
　10.1 一般要求 ··· 17
　10.2 道路平整修复要求 ··· 17
　10.3 截排水要求 ·· 18
　10.4 生态修复技术要求 ··· 18

Ⅰ

11 生态修复监测与管护	19
11.1 监测	19
11.2 后期管护	19
12 成效评估	20
12.1 一般要求	20
12.2 生物及群落评价	20
12.3 土壤理化性质评价	20
12.4 灌溉水源适宜性评价	20
12.5 水土保持功能评价	20
12.6 修复效果总体评估	21
附录 A（资料性附录） 矿山现状调查表	22
附录 B（规范性附录） 设计方案编制大纲	26

前　言

本规范按照 GB/T 1.1—2020《标准化工作导则　第 1 部分：标准化文件的结构和起草规则》的规定起草。

本规范由中国地质灾害防治与生态修复协会提出并归口。

本规范起草单位：中材地质工程勘查研究院有限公司、中国建筑材料工业地质勘查中心吉林总队、长春工程学院、中国建筑材料工业地质勘查中心陕西总队、中国建筑材料工业地质勘查中心山东总队、中国建筑材料工业地质勘查中心湖南总队、江苏绿岩生态技术股份有限公司、清华大学建筑设计研究院有限公司、山西冶金岩土工程勘察有限公司、四川省华地建设工程有限责任公司、中地山水（北京）环境科技有限公司、北京首创环境科技有限公司、中国科学院城市环境研究所、中国地质调查局国家地质实验测试中心、辽宁工程技术大学、中国矿业大学（北京）、中国地质大学（北京）、中材矿山建设有限公司、天津矿山工程有限公司、中国地质矿业有限公司。

本规范主要起草人：高立明、杨辉廷、陈永生、还祥生、李艳兵、王广、黄成、于成龙、孙秀菲、柴卓、王焘、欧阳友和、杨浩、肖亚鸣、张波、庞书经、赵金亮、程永、吴鄂、郑成国、许荞、曹占强、田野、张隆隆、刘向峰、张凯、孙红艳、胡庆允、张元冬、孙酩翔、张顺奉、郭临熙。

本规范由中国地质灾害防治与生态修复协会负责解释。

引　言

为规范建材露天矿山生态修复工作技术方法,实现对被破坏的建材矿山生态环境的修复,保证土地资源的可持续利用,制定本规范。

T/CAGHPER 092—2024

建材露天矿山生态修复技术规范(试行)

1 范围

本规范规定了建材露天矿山生态修复术语和定义、基础调查、总体规划与设计、露天采场生态修复、排土场生态修复、矿山工业场地生态修复、矿区专用道路生态修复、监测与管护、成效评估等指导性技术要求。

本规范适用于关闭建材露天矿山的生态修复工作,生产矿山可参照执行。本规范不包括对空气、水、土壤等污染的防治以及尾矿库调查和修复等内容。

2 规范性引用文件

下列文件中的内容通过文中的规范性引用而构成本规范必不可少的条款。凡是注日期的引用文件,仅所注日期的版本适用于本规范;未注日期的引用文件,其最新版本(包括所有的修改单)适用于本规范。

GB 5084　农田灌溉水质标准
GB 50003　砌体结构设计规范
GB 50007　建筑地基基础设计规范
GB 50010　混凝土结构设计规范
GB 50086　岩土锚杆与喷射混凝土支护工程技术规范
GB 50288　灌溉与排水工程设计标准
GB 50330　建筑边坡工程技术规范
GB 15618　土壤环境质量　农用地土壤污染风险管控标准(试行)
GB/T 15776　造林技术规程
GB/T 17296　中国土壤分类与代码
GB/T 17639　土工合成材料　长丝纺粘针刺非织造土工布
GB/T 18920　城市污水再生利用　城市杂用水水质
GB/T 32864　滑坡防治工程勘查规范
GB/T 38360　裸露坡面植被恢复技术规范
GB/T 38509　滑坡防治设计规范
GB/T 50085　喷灌工程技术规范
GB/T 50485　微灌工程技术规范
GB/T 50625　机井工程技术标准
GB/T 50596　雨水集蓄利用工程技术规范
DZ/T 0220　泥石流灾害防治工程勘查规范
DZ/T 0219　滑坡防治工程设计与施工技术规范

HJ 623　区域生物多样性评价标准
HJ 651　矿山生态环境保护与恢复治理技术规范(试行)
HJ 1272　生态保护修复成效评估技术指南(试行)
HJ 2005　人工湿地污水处理工程技术规范
TD/T 1036　土地复垦质量控制标准
TD/T 1048　耕作层土壤剥离利用技术规范
TD/T 1070.4　矿山生态修复技术规范　第4部分:建材矿山
T/CGDF 00001　生物多样性调查与监测标准
T/CAGHP 027　坡面防护工程设计规范(试行)
T/CAGHP 050　地质灾害生物治理工程设计规范(试行)
T/CAGHP 076　岩溶地面塌陷防治工程勘查规范(试行)
CJ/T 24　园林绿化木本苗
CJ/T 340　绿化种植土壤
NY/T 1342　人工草地建设技术规程

3　术语与定义

下列术语和定义适用于本规范。

3.1

地质环境　geological environments

由岩石圈表层与大气圈、水圈、生物圈相互作用形成的自然系统。

3.2

立地条件　site conditions for plant

影响植物生长的区域地质、地形地貌、气候、水文、土壤、植被等条件的总称。

3.3

表土　topsoil

能够进行剥离的、有利于快速恢复地力和植物生长的表层土壤或岩石风化物。

3.4

采场底盘　open pit footwall

露天采场的坑底或者最下部平盘。

3.5

生态袋　ecological bag

用于建造柔性生态边坡,由聚丙烯或聚酯纤维为原材料制成的双面熨烫针刺无纺布加工而成的袋子。

T/CAGHPER 092—2024

4 总则

4.1 目标

针对关闭的建材矿山在开采等过程中引发的地质灾害隐患和造成的生态破坏,以自然恢复结合必要的人工修复措施,按照工作程序,使地质环境和生态系统得以恢复或改善。

4.2 原则

4.2.1 根据建材露天矿山条件,充分利用自然条件,采用自然恢复结合人工修复的手段。
4.2.2 以国土空间规划为引领,依据规划确定的土地用途,宜林则林、宜草则草、宜耕则耕、宜水则水、宜建则建。
4.2.3 充分考虑经济条件允许、技术措施可行、与周边环境协调、效果长效性。

4.3 工作程序

矿山生态修复工作程序包括资料搜集、基础调查、总体规划、设计方案、工程实施、监测与维护、成效评估等阶段。

5 基础调查

5.1 自然生态条件调查

5.1.1 调查范围

应在开采活动范围内适当扩展,其范围可按行政区划、道路、地貌单元等综合确定。

5.1.2 调查内容

调查应在充分搜集和研究相关资料的前提下进行。调查内容包括矿山开采区及周边自然地理条件、气象条件和水文条件等背景。

5.1.2.1 自然地理条件调查

应查明矿山所在区域的自然条件,包括地理位置、交通条件等。

5.1.2.2 气象条件调查

可通过搜集地区气象资料,了解矿区气候特征。调查内容应包括年平均气温、年平均降水量和年平均蒸发量等,还须了解极端气温、强降水历史等,并对强降雨条件下,矿区采场、排土场等敏感地点受灾风险予以评估。

5.1.2.3 水文条件调查

5.1.2.3.1 主要包括对矿区附近水系与水利设施等空间分布调查。应调查了解矿山生产生活用水水源,如河、湖、水库,调查水深、流量、历史最高水位等信息。
5.1.2.3.2 当拟修复模式为农用地、林地时,应了解可灌溉的水源,通过最低侵蚀基准面的调查,了解露采矿山是否能够自然排水。

5.1.2.3.3 地下水调查应包括含水层类型、层位、分布范围、水位变化等。

5.1.3 调查方法

应以搜集矿山以往资料成果、区域地质环境资料和相关规划文件资料等为主,现场核验为辅。

5.2 地质环境状况调查

5.2.1 调查范围

矿山地质环境调查包括矿山概况和地质灾害(隐患)发育情况调查。调查范围应根据矿业活动对周围地质环境影响情况在开采活动范围内适当扩展。应在地质灾害发生和影响边界适当外扩,具体根据实际情况确定。

5.2.2 调查内容

5.2.2.1 矿山概况

5.2.2.1.1 矿山地质条件

可通过搜集矿山地质报告和勘探报告等资料,结合现场调查,了解矿区区域地质特征,矿床地质特征及水文地质、工程地质条件。矿床地质特征包括地形地貌、地层岩性、地质构造、岩浆岩,以及矿体的形状、产状、数量和分布,矿石的矿物成分、化学成分、结构构造、矿石类型等。

  a) 地形地貌。地貌及微地貌调查,地貌可为二级或三级,微地貌包括原始微地貌和人工微地貌。应重点调查采场、渣土堆场,以及生活区等所处地形地貌,比例尺可采用1∶500或1∶1 000。
  b) 水文地质条件。主要包括矿区气象特征、矿山含水层、隔水层调查;构造发育及对水文地质条件影响,矿区地下水赋存与分布规律,地下水补给、径流和排泄条件调查;含水岩组间水力联系及矿床充水(孔隙充水、裂隙充水或岩溶充水)类型和因素分析;矿坑涌水量预测等。
  c) 工程地质条件。主要包括矿区场地、附属建筑等的地基工程特性和现状稳定性等。

5.2.2.1.2 矿山开采条件

矿山开采条件调查包括矿山名称、地理位置、隶属关系和企业性质,矿山面积、矿山开采历史、关停时间。具体还包括开采矿类与矿种,采区范围,服务年限,开采深度层位、方式、规模以及矿山周边已实施的修复治理工程情况等。

5.2.2.2 地质灾害(隐患)发育情况

5.2.2.2.1 调查范围

地质灾害(隐患)调查范围不限于采矿证登记范围和矿山用地范围,应视矿山开采特点、地质环境条件、地质灾害影响范围予以确定,应扩展到影响范围边界。

5.2.2.2.2 调查内容

应针对建材露天矿山采矿特点，调查因矿山开采活动引发的山区地质灾害及隐患，主要包括危岩、崩塌、滑坡、泥石流、岩溶塌陷、不稳定边坡等类型，调查内容为地质灾害（隐患）类型、形成机制、诱发因素、发育规模、位置、发生时间、影响范围、威胁对象与危害程度等。

a) 崩塌调查

崩塌调查包括危岩体调查和崩塌堆积体调查。通过工程地质测绘，平面图采用比例尺1：500～1：2 000，剖面图采用比例尺1：100～1：1 000，对主要的节理、裂隙产状和特征（成因、形态、长、宽、充填物、延伸情况等）进行调查，必要时辅以槽（井）探、钻探、岩土试验和物探手段。岩土试验主要为（潜在）裂隙面的抗剪强度试验。物探主要采用弹性波法，查明裂隙的延伸和连接情况。

b) 滑坡调查
   1) 滑坡调查包括滑坡区调查、滑坡体调查、滑坡成因调查和滑坡危害及防治调查。
   2) 平面图比例尺宜采用1：200～1：500，剖面图比例尺宜采用1：20～1：100。
   3) 一般勘探手段为钻探、井探、槽探。

c) 泥石流调查
   1) 泥石流调查包括对矿区及周边的泥石流地质条件调查、泥石流特征调查、泥石流诱发因素调查、泥石流危害性调查及泥石流灾害勘查、监测、工程治理措施等防治现状及效果调查，可按《泥石流灾害防治工程勘查规范》（DZ/T 0220）执行。
   2) 调查小流域平面比例尺可以采用1：10 000，分区平面比例尺可采用1：500～1：5 000，纵剖面比例尺可采用1：500～1：2 000，横断面比例尺可采用1：200～1：500。
   3) 测绘方法应以沟谷追索、实测和填绘剖面为主，勘探可采用钻探、物探、槽探和井探等。

d) 岩溶塌陷调查

调查矿区及周边岩溶洞穴与土洞的发育条件、岩面起伏、形态和覆盖层厚度，岩溶洞穴的分布、形态规模和发育规律，塌陷形态、边界、形成塌陷的地质条件、充填情况和地下水动力条件、建（构）筑物变形及处理情况并结合区域岩溶发育规律，分析矿区岩溶发育特征、发育程度及发生岩溶塌陷的可能性。

e) 不稳定边坡调查

主要对露天矿山开采后形成的不稳定边坡进行调查。调查及勘探手段、技术要求可参照本规范泥石流调查。
   1) 不稳定边坡所处的地理位置、地貌部位、边坡形态、坡度、相对高度，沟谷发育、河岸冲刷、堆积物、地表水以及植被。
   2) 调查的范围应包括不稳定边坡区及其邻近稳定地段，应包括边坡顶外一定距离，边坡两侧自然沟谷和前缘一定距离或江、河、湖水边。
   3) 应查明边坡结构、地层结构、岩性、断裂构造、地貌及其演变、水文地质、地震和人为活动因素的关系，调查边坡有无变形迹象并找出引起边坡变形的主导因素。

5.2.3 调查方法

5.2.3.1 一般要求

矿山地质灾害（隐患）调查应在收集矿区和周边等有关资料基础上，采取遥感、现场踏勘、人员访谈、物探、钻探、槽（井）探、取样、测试与试验等手段开展实地调查。调查有关技术要求可参照《滑坡防治工程勘查规范》(GB/T 32864)、《泥石流灾害防治工程勘查规范》(DZ/T 0220)、《岩溶地面塌陷防治工程勘查规范（试行）》(T/CAGHP 076)等执行。

5.2.3.2 现场踏勘

可采用路线穿越与追索相结合的方法，对调查范围进行现场踏勘，重点对矿区内露天采场、排土场、表土堆放场等现状已有的地质灾害以及开采可能引发或遭受地质灾害的区域进行全面踏勘。

5.2.3.3 调查记录

5.2.3.3.1 野外调查记录应按照地质灾害调查表规定的内容逐一填写，不得遗漏主要调查要素，并用野外调查记录本做沿途观察记录，附必要的平面图、剖面图或素描图以及照片、航拍影像资料等。

5.2.3.3.2 照片上应圈定影像范围，显示拍照时间，并记录地点、镜头方向、调查编号等。

5.2.3.3.3 矿山自然环境现状按附录A表A.1填写，矿山生态环境现状按表A.2填写，地质环境现状调查按表A.3填写，地质灾害现状调查按表A.4填写。

5.2.3.4 人员访谈

5.2.3.4.1 访谈对象宜为矿山的现状或历史的知情者，包括地方政府的行政人员、矿山及其周边居民、矿山不同阶段使用者，以及熟悉当地情况或矿山的第三方等。

5.2.3.4.2 访谈内容主要包括矿区地质环境问题、地质灾害发生时间、灾害威胁对象和灾情损失等。

5.3 生态破坏调查

5.3.1 调查范围

调查范围应根据矿业活动对周围生态环境影响情况，在开采活动范围内适当扩展。应在生产单元或矿区周边外扩至少200m，具体根据实际情况确定。

5.3.2 调查内容

生态环境调查内容包括矿山开采区及周边土壤类型和植被类型分布、植被覆盖度及生物量、生物多样性、水土流失现状等生态背景，应掌握调查区的原生生态环境，明确调查范围内有无特殊和重要生态敏感区，查明主要生态问题。

5.3.2.1 土壤调查

5.3.2.1.1 可通过对矿区土壤分布地段的调查，确定土壤类型，具体按《中国土壤分类与代码》(GB/T 17296)执行，必要时通过平面及剖面采样分析，调查土壤类型及其空间分布、土壤厚度、面积以及可剥离量。

5.3.2.1.2 采样时，应采集表层(0 cm～20 cm)土壤样品，检测土壤容重、粒度、结构、含水量、有机质、pH值、重金属、易溶盐等。

5.3.2.1.3 对于修复矿山，宜简单调查矿区土壤质量，重点调查外来土壤质量。

5.3.2.2 生物调查

5.3.2.2.1 植被调查

a) 可依据《中国植被》或省级植被相关文献资料，结合实地调查和遥感影像解译，对调查区内地带性植被及植被分布现状进行详细描述，并利用野外实测的植物样方数据对区内植物覆盖度、生物量和多样性进行定量分析。

b) 植物实测样方数量以能基本代表调查区内植物多样性水平为准，应选择不同植被类型设置，每种类型2～3个，总数不宜少于10个，具体可参照《生物多样性调查与监测标准》（T/CGDF 00001）、《区域生物多样性评价标准》（HJ 623）等规定执行。植被调查采用表1。

表 1 植被调查表

方法	样地法			样线法	
做法	在植物群落不同高度和坡向的典型地段中划出一定面积的长方形或正方形样方			在植物群落中划定一条线，在线一侧的1 m范围内调查	
适应范围	各种类型			乔木、灌木、大型草本和稀疏分散的种类	
类别	森林	灌丛	草坡	各类	
数量/个	5～6			数量/条	5～10
单个面积/m^2	400	50	5	长度/m	≥50

5.3.2.2.2 动物调查

动物调查包括鸟类、两栖和爬行动物调查及土壤动物调查，调查内容应包括动物种群类型、数量等。

5.3.2.3 生态破坏现状调查

5.3.2.3.1 地形地貌景观破坏调查

地形地貌景观破坏调查包括采矿活动形成的高陡边坡、裸露岩体、深坑、堆积体等。调查内容为露天采矿、矿山固体废弃物（废石渣、尾矿渣等）造成地形地貌改变的位置、方式和范围。

5.3.2.3.2 水资源破坏调查

水资源破坏调查包括地表水的减少、枯竭和地下含水层的破坏。含水层破坏调查包括含水层分布，地下水类型，地下水补给、径流、排泄特征，矿体与含水层的空间位置关系等。

5.3.2.3.3 土地损毁调查

a) 应调查矿业活动在露天采场、取土场等处挖损、积水损毁等情况，包括直接损毁的土地资源类型、位置、权属、范围、损毁时间、面积、破坏方式、积水面积、积水深度等及各类型所占百分比。

b) 应调查水土流失类型、面积、强度、分布、土壤侵蚀模数,同时关注区内已实施的水土保持措施类型、分布、面积、防治效果及其存在的问题。
c) 应调查矿业活动的工业场地、排土场、废石堆、办公生活区、矿山道路等对土地的压占。
d) 应调查固体废弃物类型、排放位置、权属、占地面积、年排放量、累计积存量、危害对象、影响范围、利用情况、已采取的防治措施等。
e) 可同步进行固体废弃物调查,主要包括废弃物种类、成分、数量、堆放方式、最大堆填高度、台阶数量和边坡角度及综合利用情况。

5.3.2.3.4 生物损毁、退化调查

生物损毁、退化调查应包括遭受破坏的地表植被、动物栖息地等空间分布、面积、破坏程度,以及由此造成生态系统结构多样性降低和生态系统功能受损情况等。

5.3.2.4 综合治理情况调查

综合治理情况调查应包括已实施的治理方案、治理时间和取得的成效等。

5.3.3 调查方法

5.3.3.1 资料收集

资料收集主要为法律法规、政策文件、矿山以往资料成果、区域地质环境资料和相关规划文件资料等的收集,应在收集资料基础上现场核实其准确性。

5.3.3.2 现场实测与人员咨询

现场实测应采用已有测绘成果资料等为底图,借助仪器设备,通过观察、测量、记录、取样、试验等手段,获取矿区调查目标点位的生态环境信息。人员咨询是通过访问矿区人员、有关专家和当地居民等途径获取有关信息。

5.3.3.3 遥感调查

采用遥感调查法时,应辅助必要的现场调查工作。遥感卫片获取时段应为近 3 年植物生长旺盛的季节,图件的空间分辨率不宜低于 1 m,可以采用无人机航测。具体遥感调查流程、方法和技术要求参照相关规范。

5.3.4 成果资料

调查中应做好记录,确保现场资料完整性和可靠性。成果资料主要包括调查数据、测试分析数据、照片、音频、视频、实际材料图、生态问题图等。

6 生态修复规划与设计

6.1 总体规划

6.1.1 指导原则

建材露天矿山生态修复规划设计应以国土空间规划为统领,遵循以下原则进行生态修复:

a) 以保护优先、自然恢复为主；
b) 统筹布局、系统修复治理；
c) 与相关规划协调衔接。

6.1.2 功能定位

6.1.2.1 设计前应结合各级规划明确矿区功能定位。

6.1.2.2 对符合工业遗产申报条件的，应积极申报工业遗产。被列入工业遗产的矿山，生态环境规划设计中应依据场地的特性，尊重自然演替形成的植物群落，对场地生态的改造应有助于工业遗产价值展示、阐释和传承。

6.1.2.3 对未列为工业遗产的矿山，应落实国土空间规划空间管控要求。

6.1.3 可行性分析

矿山生态修复工作开展前，应按本规范6.1.1条和6.1.2条要求，结合矿山实际开展可行性分析工作，结论可作为后续工作的依据。

6.1.4 设计要求

6.1.4.1 非建设用地

6.1.4.1.1 应结合国土空间生态空间优化调整需求，确定矿山恢复生态的类型。

6.1.4.1.2 宜林地应适地适树，培育复层林、混交林、异龄林，逐步构建多树种、多层次、多功能、健康稳定的森林生态系统，具体按《造林技术规程》（GB/T 15776）等文件执行。

6.1.4.1.3 宜草地应根据地区气候特点选择草种，可根据需要设计配套道路。

6.1.4.1.4 宜水地设计中应积极创造与区域水系联通条件，承载区域水体蓄滞区、水源涵养区、地下水补给区功能。水周生态环境设计应以截留和净化污染物为主，水内生态环境设计以提高水体自净能力为主。

6.1.4.1.5 宜农地应优先补充永久基本农田、永久基本农田储备区用地，依据《土地复垦条例》要求实施土地复垦。

6.1.4.1.6 生态保护红线内矿山修复宜依据生态环境设计以林、灌、草、水为主，减少设计为农地，减少人为活动干扰。

6.1.4.1.7 设计应本着恢复自然生态良性循环的目标，模拟邻近区域生态群落构建矿山生态环境系统，逐步恢复矿山生物多样性，提高生态系统完整性和稳定性。

6.1.4.2 建设用地

6.1.4.2.1 设计前应进行适宜性评价，依据国土空间规划确定用地功能、性质、控制指标。

6.1.4.2.2 应重点结合绿地系统规划，宜景则景，完善建设空间绿地系统结构，提高人均绿地指标，增加绿量，完善城市功能，改善人居环境。

6.1.4.2.3 设计应按照城市风貌、绿化覆盖率等管控指标等要求进行。

6.1.5 经济技术分析

规划设计应全面分析矿山生态修复技术可行性以及实施后将产生的生态效益、经济效益和社会效益，与地区经济、环境等相适应。

6.2 生态修复方案

6.2.1 一般要求

矿山生态修复设计方案应在完成矿山生态环境和地质环境现状调查的基础上,结合相关规划进行编制。编制内容详见附录 B。

6.2.2 矿山概况

6.2.2.1 矿山自然条件,主要包括矿山地理位置、交通状况、项目区地形地貌、气象水文条件、区域地质构造、地震、水文地质条件、工程地质条件、项目区及周边人类活动。

6.2.2.2 矿山开采条件,包括矿山范围、矿山开采矿种、矿山规模、权属、开采范围、开采时间、开采方式、开采层位、矿山平面布置、开采历史及目前状态等。

6.2.3 矿山生态环境现状

主要包括矿山地质环境条件和矿山生态状况,应在查明因矿山开采产生的地质灾害和地质安全隐患、土地损毁、水资源破坏和生态退化等生态问题基础上,通过其分布、规模、特征,评估矿山生态问题的严重程度和治理难度。

6.2.4 矿山生态修复方案

6.2.4.1 应根据现状分析,确定治理原则和总体目标,在国土空间规划的指导下确定地质灾害治理(防治)和生态修复方案。

6.2.4.2 应根据拟修复场地地质安全、水土环境、生态特征、气候特征、经济条件等因素,确定露天采场、工业场地、排土场等矿山场地的修复用途和方式。

6.2.4.3 以停止影响后自然修复为首选措施,在此基础上考虑辅助再生或生态重建。

6.2.4.4 修复方案主要包括滑坡、崩塌、泥石流和岩溶塌陷等灾害、隐患治理方案,高陡边坡整治、低洼地回填(改造)、土地整理、水体治理方案,生态恢复、重建方案等。具体可按《坡面防护工程设计规范(试行)》(T/CAGHP 027)、《裸露坡面植被恢复技术规范》(GB/T 38360)、《地质灾害生物治理工程设计规范(试行)》(T/CAGHP 050)执行。

6.2.5 经费估算

经费估算应根据矿山生态修复技术措施和所部署的工程量,测算所需经费,明确经费筹措渠道。

6.2.6 跟踪监测与成效评估

6.2.6.1 应明确监测范围、内容、方法以及监测期限和监测周期等。

6.2.6.2 监测内容重点包括生态修复后采场和排土场边坡稳定性,土壤肥力、理化性质,植被重建后植物成活率、覆盖度等指标,回归的动物数量、分布等。

6.2.6.3 评估矿山生态修复后的生态效益、社会效益和经济效益。

6.2.7 保障措施

应制定保障矿山生态修复工作顺利实施的组织管理、技术保障、资金保障、后期管护等措施。

6.3 工程实施

6.3.1 地质灾害隐患清除

地质灾害隐患清除包括滑坡体、危岩体清除及危岩体加固、泥石流隐患清除等工程,具体按《滑坡防治设计规范》(GB/T 38509)、《建筑边坡工程技术规范》(GB 50330)等有关规范执行。

6.3.2 地貌重塑

地貌重塑包括削坡、再造台阶、坡脚蓄坡、填筑台阶、坡面整形、积水区整形等工程,具体按《矿山生态修复技术规范 第4部分:建材矿山》(TD/T 1070.4)等有关规范执行。

6.3.3 高陡边坡修复

6.3.3.1 当边坡经分析评价为不稳定或欠稳定边坡时,应进行边坡的支护设计。

6.3.3.2 边坡防护分为坡面防护和支挡结构防护两种措施。坡面防护常用的措施有灰浆抹面、喷混凝土、喷锚护坡等;支挡措施一般包括挡土墙、锚杆挡墙、抗滑桩。具体应根据边坡特性采用不同的方案。

6.3.3.3 建材矿山多为露采的岩质边坡,可采用混凝土格构、锚杆支护和挂网喷锚等支护方式,具体按《建筑边坡工程技术规范》(GB 50330)、《混凝土结构设计规范》(GB 50010)、《岩土锚杆与喷射混凝土支护工程技术规范》(GB 50086)等标准规范执行。

6.3.3.4 对于排土场高陡边坡可按本规范第8条执行。

6.3.4 土地整治

6.3.4.1 场地清理

6.3.4.1.1 优先将各修复场地内的渣石(土)用于回填采坑、坡脚堆坡、筑路、制作建筑材料等,进行资源化再利用。

6.3.4.1.2 排土场设置于沟坡和沟谷内,应防止发生滑坡及成为泥石流物源。已设置的优先将其资源化再利用,清理或采取整形、固化、拦挡、土壤重构、植被重建等措施进行综合治理。

6.3.4.2 场地平整

6.3.4.2.1 根据各修复场地地形起伏、坡度、高差等要素,可整体或分阶梯平整场地。按照确定的修复方向选择适宜的平整方法,采用削高填低、挖低垫高、物料回填、推平等措施。修复为耕地、园地、林草地时,挖高填低、平整场地;修复为蓄水池、坑塘、渔业、水域用地时,挖低垫高、整平基底。

6.3.4.2.2 平整场地应充分利用场地内的弃渣(石)土,回填后坑平渣尽。

6.3.4.3 截排水

截排水沟材质、结构形式按照《灌溉与排水工程设计标准》(GB 50288)规定执行。

6.3.4.4 集蓄水

集蓄水工程设计、施工按照《雨水集蓄利用工程技术规范》(GB/T 50596)规定执行。

6.3.4.5 覆土工程

6.3.4.5.1 应充分利用采矿过程中留存的剥土、岩缝土,覆盖于各修复场地,为后续植被重建创造条件。

6.3.4.5.2 宜选用矿山周边富含腐殖质、理化性能良好的客土。土壤质量应符合《土壤环境质量农用地土壤污染风险管控标准(试行)》(GB 15618)、《绿化种植土壤》(CJ/T 340)要求。

6.3.4.5.3 边坡台阶再造台面,覆盖种植土厚度按植被种类灌木不宜小于0.5 m,乔木不宜小于0.8 m,草籽撒播不宜小于0.2 m。覆土高度低于挡土构件0.1 m～0.2 m。覆土后台面起伏高差不超过0.5 m。

6.3.5 植被重建及养护

6.3.5.1 宜筛选适应当地气候、立地条件、土壤条件和抗逆性强、耐贫瘠、易成活、易养护、根系发达、种源丰富、水土保持功能强、管理粗放的乡土植物,综合考虑乔、灌、草、攀缘植物,固氮与非固氮,深根性与浅根性,经济林与生态林相结合。因生态修复迫切需求确需引入外来物种的,应设计相应控制措施,避免外来物种泛滥,对当地生态系统造成破坏。

6.3.5.2 木本苗的选择应符合《园林绿化木本苗》(CJ/T 24)规定。不积水采场底盘修复为园地、林草地,植物栽植密度按《造林技术规程》(GB/T 15776)规定执行,其他场地植被重建方法和植物物种的选择、配置、密度,按照《造林技术规程》(GB/T 15776)、《人工草地建设技术规程》(NY/T 1342)规定执行。

6.3.5.3 植被养护应包括成活期和生长期两个阶段。

6.3.5.3.1 成活期管理

a) 成活期管理时间宜为6个月,工作内容主要为苗木培土、扶正、绑扎、(草帘、无纺布、遮阳网、农膜)遮盖、补植、松土、除草、防病虫害等。

b) 视当地气候环境变化及缺水状况,应及时补水,满足植物成活期需水要求。

c) 应全面调查植被生长状况,对生长不良、病枯死植物应及时更换或补种原规格树(草)种。

d) 病虫害应以预防为主,一经发现受害症状,应及时彻底治愈,并定期做好防治工作。

e) 截排水设施及灌溉设备应及时疏通、维修,确保排水通畅和灌溉设备运行完好。

f) 成活期结束后,乔木、灌木成活率≥98%,藤蔓生长量达1 m～2 m,草本覆盖率应>98%。

6.3.5.3.2 生长期管理

a) 生长期管理时间宜为12个月,工作内容主要为松土、除草、灌溉、补水、补肥、修剪、补植、补播、病虫害防治、设施维护等。

b) 生长期管理期间,应及时清除死株、枯枝等杂物。

c) 应根据植被生长情况补水、补肥,适时修剪并注重病虫害防治。

d) 生长期结束后,乔木、灌木成活率≥95%,藤蔓生长量达2 m～3 m,草本覆盖率应>95%。

6.3.6 配套工程

配套工程包括灌溉工程、输配水工程、喷灌与微灌工程、道路工程和警示工程等,具体应按照《机井工程技术标准》(GB/T 50625)、《灌溉与排水工程设计标准》(GB 50288)、《喷灌工程技术规范》(GB/T 50085)、《微灌工程技术规范》(GB/T 50485)等规定执行。

7 露天采场生态修复

7.1 一般要求

露天采场生态修复应依据矿山地质环境现状，结合自然条件、土地利用与环境保护要求，合理确定整治技术方法和施工工艺。

7.2 露天采场底盘生态修复

7.2.1 不积水采场底盘修复

7.2.1.1 修复为耕地的采场底盘应按照《土地复垦质量控制标准》(TD/T 1036)规定执行。

7.2.1.2 修复为园地、林草地的采场底盘应按照《土地复垦质量控制标准》(TD/T 1036)、《造林技术规程》(GB/T 15776)、《人工草地建设技术规程》(NY/T 1342)规定执行。

7.2.1.3 修复为建设用地的采场底盘应满足相关安全标准。边坡稳定性应满足《建筑边坡工程技术规范》(GB 50330)要求，边坡安全等级和安全系数的选取，应根据露采边坡的特点和工程难度、危害对象等取值。地基承载力、沉降变形等满足《建筑地基基础设计规范》(GB 50007)要求。

7.2.1.4 露采底盘区建设用地生态修复前，需进行土石方量估算，常用方法有断面法、方格网法、等高线法和数字地面模型(DTM)法等，具体应按有关规范执行。

7.2.2 积水采场底盘修复

7.2.2.1 修复为蓄水池、坑塘时，应满足蓄水条件下周边山体、边坡稳定和防洪排涝、水质等要求，在蓄水池与坑塘周边设置防护设施、警示标志。

7.2.2.2 修复为渔业(含养殖业)人工湖、湿地、水体公园等用地时，应满足工程安全和使用功能要求，具体可按《人工湿地污水处理工程技术规范》(HJ 2005)执行。

7.3 露天采场坡面生态修复

7.3.1 危岩体清除

应综合考虑现场条件，选择适宜的危岩体清除方法，注意坡体自身和边坡下方的安全。

7.3.2 危岩体加固

7.3.2.1 应根据边坡岩性、坡度、危岩体稳定程度，采取适宜的加固措施。加固措施按照《建筑边坡工程技术规范》(GB 50330)、《滑坡防治工程设计与施工技术规范》(DZ/T 0219)规定执行。

7.3.2.2 存在可能失稳的边坡，可选用削坡卸荷、回填压脚、锚固、支撑、嵌补、抗滑桩、注浆、排水等措施。锚固措施应按《岩土锚杆与喷射混凝土支护工程技术规范》(GB 50086)、《滑坡防治工程设计与施工技术规范》(DZ/T 0219)规定执行，支撑、嵌补措施应按《砌体结构设计规范》(GB 50003)规定执行，削坡卸荷、回填压脚、抗滑桩、注浆、排水应按《滑坡防治工程设计与施工技术规范》(DZ/T 0219)规定执行。

7.3.3 边坡护坡

7.3.3.1 软质岩石、表层风化严重的不稳定边坡,可采用削坡卸荷、锚固、锚喷、挂网、注浆固结、抗滑桩和垱工、格构等措施护坡,坡脚处可采用堆坡反压、拦挡等措施稳定。

7.3.3.2 坡面破碎、裂隙发育浅的边坡,可采用挂网、锚喷、垱工、格构等措施护坡。

8 排土场生态修复

8.1 坡面生态整治技术

8.1.1 坡面工程整治技术

8.1.1.1 地形修整工程应根据不同的边坡条件选用不同的终了坡型,通过挖方、填方工程对排土场进行地形修整。

8.1.1.1.1 直线型。对坡高小于 8 m 的排土场,仅需对坡面进行小范围修整。

8.1.1.1.2 台阶式。坡高大于 8 m 的排土场,应进行台阶式整理。台阶宽度和台阶高度根据当地岩土质情况及其他地质环境条件确定,平台宽 1.5 m～8 m,台阶高度 4 m～8 m,台阶坡度不大于自然休止角;台面形成向内 2%～5% 的反坡。

8.1.1.1.3 仿自然型。可按照自然修复的理念,进行仿自然设计,具体应满足本规范 8.1.1.3 要求。

8.1.1.2 在场地条件充裕的情况下,应尽量放缓台阶坡度。

8.1.1.3 修整后的排土场最终形态宜与周边地形协调,尽量延续原始微地貌类型,避免改变地表汇流方向;修整后的排土场周界与原始地形自然衔接,内部地形突变消除,地形走向宜作曲线处理;清理局部存在的巨石、块石,或进行景观化处置。

8.1.2 挡护工程

对于下游有防护要求的排土场,应采用挡护工程。

8.1.2.1 坡比小于等于 1:2.0 的缓坡,应采用干砌石护坡,砌石厚度不小于 25 cm,砌石基础埋深不小于 30 cm,封顶用平整块石砌筑。

8.1.2.2 坡比大于 1:2.0 的边坡,或易受水流或洪水冲刷的坡面,应采用浆砌石护坡。浆砌石护坡铺砌厚度 40 cm～60 cm。对除砂砾质外的边坡还应铺砌 5 cm～25 cm 砂砾反滤垫层并埋设导水管。可采用 PVC 管,直径不宜小于 10 cm,外斜坡率不宜小于 5%;同时,应沿纵向每 10 m～15 m 设置宽 2 cm～3 cm、用沥青或木条填塞的伸缩缝。

8.1.2.3 坡脚为沟岸、河岸,暴雨中可能遭受洪水掏蚀的部分,对枯水位以下的坡脚应采取抛石(抛块石、石笼抛石和草袋抛石)护坡。抛石的厚度不小于 100 cm,坡度不大于 1:1.0,石块质量应符合有关要求。

8.1.2.4 边坡的坡脚可能遭受强烈洪水冲刷的陡坡段,应采取混凝土(或钢筋混凝土)护坡。

8.1.2.5 在路旁或人口聚居地附近的土质或沙土质坡面,可采用格构护坡,格构可采用浆砌石或混凝土。网格尺寸可取 2 m×2 m,框条宽 30 cm～50 cm,格构叉点可用锚杆固定,网格内种植草皮或撒草籽。

8.2 土壤改良技术

8.2.1 物理改良

8.2.1.1 耕作改良

对于采用清除外运措施，清空后的排土场，长期压占导致耕作层破坏，母质裸露，质地紧实或坚硬，不利于生物生存的排土场，可通过深耕土壤、疏松基质、改善通透性、提高肥力，实现废弃地复垦。

8.2.1.2 覆土改良

经坡面工程整治后的排土场，覆盖耕作客土或拌基肥（以有机肥为主，可配合使用磷、钾肥）改良土壤。平台或坡度不大于25°的坡面，可采用面状覆土。坡度大于25°小于自然休止角的坡面，可结合鱼鳞坑整地穴状覆土，或结合水平阶整地带状覆土；也可采用生态袋护坡进行面状覆土。

8.2.1.3 污泥改良

可利用城市污水处理过程中产生的固体废弃物与矿渣等混合，改善废弃地的理化性质、增强土壤肥力，有利于提高矿山废弃地微生物的活性，增大养分利用率。

8.2.2 化学改良

8.2.2.1 干旱地区或石质山地等保水不良的修复区，可使用保水剂进行保水。
8.2.2.2 肥力低的土壤，可施用有机肥做基肥。
8.2.2.3 对于pH值过低的土壤，耕作或栽植前可在土壤中添加碳酸氢盐或石灰；对于pH值过高的土壤，可添加硫酸铁、硫磺或石膏。

8.2.3 生物改良

可在木本植物栽植或农作物耕种前，种植固氮草本植物，固定或修复重金属污染土壤、清除土壤基质里面的有机污染物、净化水体和空气等。

8.3 植被修复技术

8.3.1 整地

平地可采用穴状或水平沟整地方式，边坡可采用水平阶或穴状整地方式。整地规格应按照苗木规格确定。

8.3.2 树种选择

平地宜选用耐瘠薄、干旱、抗污染能力强的乡土树种。边坡宜选择生长迅速、根系发达、耐干旱瘠薄、抗污染能力强的豆科植物，可按照《造林技术规程》（GB/T 15776）规定执行。

8.3.3 密度

栽植密度可按照《造林技术规程》（GB/T 15776）、《人工草地建设技术规程》（NY/T 1342）等规定执行。

8.3.4 栽植技术

8.3.4.1 平地上的栽植技术

在平地上的苗木规格和处理、栽植方法等,可按《造林技术规程》(GB/T 15776)等规定执行。

8.3.4.2 边坡上的栽植技术

8.3.4.2.1 直接种植灌草在有一定厚度土层的土质坡面上,可直接种植灌木和草本植物种子。

8.3.4.2.2 穴植灌木、藤本。应结合工程措施沿边坡等高线挖种植穴(槽),利用常绿灌木的生物学特点和藤本植物的上爬下挂的特点,按照设计的栽培方式在穴(槽)内栽植,从而发挥其生态效益和景观效益。种植穴的规格应满足各类植被栽培和成活要求,灌木不宜小于 0.5 m×0.5 m×0.5 m,小乔木不宜小于 0.8 m×0.8 m×0.8 m,大乔木不宜小于 1.0 m×1.0 m×1.0 m。

8.3.4.2.3 普通喷播。坡面平整后,将种子、肥料、基质、保水剂和水等按一定比例混合成泥浆状喷射到边坡上。

8.3.4.2.4 植生袋技术。通过生产线将植物种子按一定比例,均匀地播撒在两层布质或纸质无纺布中间,然后通过绗缝、针刺及胶粘等先进工艺,将尼龙防护网、植物纤维、绿化物料、无纺布密植在一起而形成一种特制产品,可将其覆盖在边坡表面,适量喷水长出草坪。

  a) 植生带规格可采用 40 cm×60 cm,可根据需要调整。
  b) 应将母土运至施工现场再装袋,装完的袋子应及时垛到施工面上。
  c) 袋内应装干土,坡度大的坡面上施工,每隔 1 m 放置一根排水管。
  d) 垂直叠摞或接近垂直叠摞植生袋,每叠摞 1 m 高时,应该在基面上打固定桩,用绳把该层植生袋绑紧、分别固定在固定桩上。

8.3.4.2.5 植生棒栽培技术。将特制的草棒用螺纹钢和钢丝网按一定间距固定在坡面上,再用镀锌铁丝进行斜网格拉紧,可将草棒按一定间距排列、覆土,可在面上种植。

8.3.4.2.6 生态袋技术。通过生产线将植物种子按一定比例均匀地播撒在两层布质或纸质无纺布中间,然后通过绗缝、针刺及胶粘等先进工艺,制成生态袋,装土。可将其垛积坡面形成草坪。

  a) 生态袋布料拉伸强度不应小于 4.5 kN/m,布料断裂伸长率不应小于 40%。
  b) 生态袋其他制作要求可按《土工合成材料 长丝纺粘针刺非织造土工布》(GB/T 17639)执行。

8.3.4.3 平台外缘绿化技术

对于依据地形地质条件修筑的类似梯田结构的平台,可在平台外缘砌挡土墙,台面种植乔灌草立体植被,对栽植的藤本植物进行人工牵引,促使植物向坡面定向生长,绿化坡面,形成立体效果;平台外缘(靠近挡土墙)种植悬垂植物与攀缘植物相连以绿化覆盖全部坡面。

8.3.4.4 植被配置模式

平地宜配置以乔木为主的乔灌混交林或经济林,边坡宜配置以灌木为主的乔灌草混交林。

8.4 排土场修复与再利用技术要求

排土场土地复垦施工技术及质量满足《土地复垦质量控制标准》(TD/T 1036)、《耕作层土壤剥离利用技术规范》(TD/T 1048)要求,并执行《造林技术规程》(GB/T 15776)、《人工草地建设技术规程》(NY/T 1342)、《灌溉与排水工程设计标准》(GB 50288)等相关规范、规程和标准。

9 矿山工业场地生态修复

9.1 矿山关闭后工业场地符合当地国土空间规划、建设标准的工业场地及其建(构)筑物可以保留，采取维修、加固、粉刷措施，维持其利用功能。

9.2 不再使用的各类建(构)筑物和基础设施应全部拆除，拆除过程中产生的建筑垃圾进行清运处理或就地覆土填埋(有害建筑垃圾除外)。清理施工残留物运出场地，对危险废物、废污水妥善处置。优先将清理出场地的施工残留物资源化再利用。

9.3 建(构)筑物和基础设施拆除后，按本规范4.2.2条所述的修复原则，尤其是位于城镇周边的，应考虑城镇用地现状及景观效果。工业场地转为商业、住宅、公共服务、其他工业等其他用途的，应开展地质灾害危险性评估、污染场地调查与风险评估及修复治理。

9.4 对于近自然或人工生态修复的工业场地，在土壤剥覆、土地平整、土壤改良与培肥后进行植被重建。植被配备模式应以抗逆性强乡土树种为主，营造以乔木为主的混交林，并辅以灌草植物，从而与周围自然景观协调一致。

9.5 生态修复工程设计应说明土壤剥覆和土地平整工程实施范围、施工工艺、各种工程参数，土壤改良与培肥使用的原材料、用量、施用方法及后期管育措施等。

9.6 露天开采转地下开采及露天与地下联合开采的矿山闭矿后应按规定将井口封堵完整，并采取遮挡和防护措施，设立警示标志。

9.7 生态修复后的各类场地应符合《矿山生态环境保护与恢复治理技术规范(试行)》(HJ 651)的有关规定。

9.7.1 修复为耕地时，首先应对土地进行整平，对土壤进行重构，配套建设田埂、田间道路、灌溉与排水等配套工程。修复标准应按《土地复垦质量控制标准》(TD/T 1036)有关规定执行。

9.7.2 修复为园地、林草地时，修复标准和方法应按《土地复垦质量控制标准》(TD/T 1036)、《造林技术规程》(GB/T 15776)、《人工草地建设技术规程》(NY/T 1342)规定执行。

9.8 不同复垦方向的土地复垦质量指标应符合《土地复垦质量控制标准》(TD/T 1036)等有关规定。

9.9 生态修复后的各类场地应安全稳定，对人与周边环境不造成威胁、不产生污染，与周边自然环境和景观相协调，因地制宜实现土地可持续利用。

10 矿区专用道路生态修复

10.1 一般要求

10.1.1 矿区专用道路使用完毕后，道路平整与生态修复应与矿区整体生态修复内容相协调。

10.1.2 应在其他修复工程完成后再开展矿山道路修复工作，为其他场地修复提供交通条件。

10.1.3 留用的矿山道路，应维护其平整度满足通行要求，补植补播道路两侧缺损绿植。

10.1.4 不留用的硬化路面应予以拆除，清理施工残留物运出场地，优先将清理出场地的施工残留物资源化再利用，将清理后的道路场地整平。

10.2 道路平整修复要求

道路平整修复应收集原有道路使用期间所积累的资料，并对矿区专用道路进行以下相关技术调查：
   a) 路基、路面损毁状况调查；
   b) 不利季节的土基与路面整体强度调查；
   c) 材料供应情况调查；
   d) 矿区专用道路后期利用规划调查。

10.3 截排水要求

10.3.1 地表排水应防、排、疏结合，并与其他生态修复措施相协调，形成完善的排水系统。

10.3.2 各类地表排水设施的断面尺寸应满足设计排水流量的要求，沟顶应高出沟内设计水面 0.2 m 以上。

10.3.3 边沟、截水沟和排水沟，具有下列情况之一者，应采取防渗或防冲的加固措施：
   a) 位于松软土层的情况；
   b) 流速较大引起冲刷的情况；
   c) 位于黄土地区且纵坡较大的情况；
   d) 易产生路基病害的情况；
   e) 有集中水流进入的情况。

10.3.4 当边沟、截水沟和排水沟有渗漏或冲刷可能时，应根据流速（或纵坡）、土质、材料、气候等，采取防渗或防冲的加固措施，如铺草皮、砌石、砌砖、铺水泥混凝土预制块等。各种沟渠的出水口，必要时应采取加固措施。

10.3.5 地表排水沟管排放的水流不得直接排入饮用水水源、养殖池。

10.4 生态修复技术要求

10.4.1 植物物种选择

10.4.1.1 植物物种应适配当地生物气候带的条件，选择多年生物种占优势的物种组合。

10.4.1.2 植物物种应优先选择乡土物种，优先选择更新能力强、根系发达的物种，严格控制外来物种。

10.4.1.3 植被物种应耐受地形陡峻、地表面结构脆弱等恶劣条件。

10.4.1.4 植被物种应具有抑制地质灾害发生、减弱地质灾害活动、减轻地质灾害损失的作用；同时应具有在特定生长环境中能自行繁殖、更新且持续生存，有利于生态系统恢复、景观的美化及维持自然生态环境的功能。

10.4.2 植物群落选择

10.4.2.1 植物物种组合和目标植物群落应根据矿区专用道路沿线的生态环境特点、立地条件和植物的生态特性、演替规律等综合确定。

10.4.2.2 宜根据矿区专用道路沿线走向、地形特点，在不同部位建立不同的植物群落，形成立体的、多元的植被景观，以利于地形地貌稳定和环境美观。

10.4.2.3 植物群落结构配置、目标植被类型应参考或模拟当地顶级植物群落类型或稳定植物群落类型。

11 生态修复监测与管护

11.1 监测

11.1.1 监测范围

应以矿山生态修复区为主,适当扩展到矿产资源开采活动影响到的周边区域或地貌单元,可按《生物多样性调查与监测标准》(T/CGDF 00001)执行。

11.1.2 监测内容

包括地质安全、地形地貌、土壤环境、植被群落、动物种群等。

11.1.3 监测方法

11.1.3.1 地质安全监测方法主要有土压力测量法、现场测试法、振弦测量法、光纤测量法、降雨量测量法、合成孔径雷达监测法(SAR)等。

11.1.3.2 地形地貌监测方法主要有现场调查法、摄影与摄像法、遥感监测法(包括遥感影像、无人机航空摄影)等。

11.1.3.3 土壤环境监测方法主要有现场测量法、采样送检测试法,土壤肥力监测方法主要有综合判断法。

11.1.3.4 植被群落监测方法主要有遥感监测法(包括遥感影像、无人机航空摄影)、现场调查法等。

11.1.3.5 动物种群监测方法主要有自动监测法、鸣声监测法、直观监测法、踪迹监测法等。

11.1.4 监测周期

11.1.4.1 地质安全监测周期应参照地质灾害监测相关规范,地形地貌、土壤环境、植被群落和动物种群监测周期为 1 次/年。

11.1.4.2 监测期限可根据后期管护要求确定。

11.2 后期管护

11.2.1 工程管护

应对危岩体加固、边坡护坡、台阶再造、蓄坡与填筑台阶、土壤重构工程和相关配套附属设施等进行管护,按照工程设计和运行要求进行定期检查和维护,发现工程设施运行不正常或损毁的应及时修复。

11.2.2 植被管护

11.2.2.1 植被管护应采取定期或不定期喷水、追肥、清除杂草、防治病虫害、补植、补种等措施,对复绿植被进行养护。

11.2.2.2 管护期管理时间根据区域自然生态条、立地条件和修复成效等不同,管护时间宜为 2~3 年,生态脆弱区管护时间为 3~5 年。

11.2.2.3 应根据植被生长情况浇水和施肥,可靠自然降水养护,若遇干旱,应适时浇水,浇水应遵循"多量少次"的原则。

11.2.2.4 视植被生长情况,每年初春、夏末施肥一次(建议复合肥),确保植物生长健康、旺盛。

11.2.2.5 目标群落物种成活率≥90%,乔、灌保存率≥85%,藤蔓垂直绿化覆盖率≥80%,草本覆盖率≥85%。

11.2.2.6 养护期间病虫害防治以预防为主,定期做好喷药防治工作,养护期内应根据季节和病虫害发生规律采取防御措施;在病虫害易发时期,可每月对易感植物喷药1次~2次。可采用生物防治法、物理防治法和生物农药及高效低毒农药,尽量采用生态防治或生物防治法。

12 成效评估

12.1 一般要求

建材矿山生态修复效果应开展至少3年的动态跟踪评估,通过对修复前后的地质安全性、生物及群落、土壤理化性质、灌溉水源适宜性和水土保持功能进行评价,综合评估生态修复效果。

12.2 生物及群落评价

12.2.1 生物及群落状况是生态修复的直接效果体现,应重点评价生物生长状况及生态系统类型、结构、功能和过程。

12.2.2 评价工作应通过实地跟踪监测和调查展开,指标包括植被成活率、植被覆盖度、生物量、生物多样性等,具体可按《生物多样性调查与监测标准》(T/CGDF 00001)、《生态保护修复成效评估技术指南(试行)》(HJ 1272)有关规定进行评估。

12.2.3 对于修复后用于农业种植或养殖的地块,应开展农产品安全性检验与评估。

12.3 土壤理化性质评价

土壤养分的恢复和维持是建材矿山生态系统功能恢复和自我维持能力提高的最重要的表现,评价指标应包括土壤pH值、土壤孔隙度、矿质营养元素含量、有机质含量、阳离子交换量、土壤生物学活性指标以及与营养物质循环密切相关的枯枝落叶分解指标等。

12.4 灌溉水源适宜性评价

12.4.1 应规范灌溉水质要求,有效防止土壤理化性质改变及污染,确保植被健康持续生长,可参照《农田灌溉水质标准》(GB 5084)和《城市污水再生利用 城市杂用水水质》(GB/T 18920)评价灌溉水源适宜性。

12.4.2 评价指标应包括pH值、COD_{Cr}、BOD_5、氨氮、全盐量、重金属、阴离子表面活性剂、粪大肠菌群数等。

12.5 水土保持功能评价

12.5.1 应评估修复后的生态修复单元(包括露天采场、排土场、工业场地和道路)对降雨的拦蓄能力、林草地的涵养水能力、林草地的保土能力等。

12.5.2 水土保持功能应采用拦蓄性能、表土保护率、渗透性能、持水性能、抗蚀性能、径流泥沙含量、土壤侵蚀模数等指标进行评价,相应数据宜通过实地检测取得。

12.6 修复效果总体评估

12.6.1 应对评估年限内的各项指标进行动态评价,分析修复后的生态系统总体发展趋势、主要问题及应对措施的有效性。

12.6.2 应与周边生态背景对比分析,重点评价修复后的生态系统生产力水平、与周边生态系统的连通性、自我维持能力、稳定性等。

12.6.3 应明确生态修复总体设计是否聚焦主要生态问题,矿区生态修复的方向和措施是否因地制宜,与当地自然地理和生态特征相协调,植被绿化所选择的植被种群是否与矿区四周植被种群相协调,矿区生态景观是否与四周地形地貌景观相协调。

附 录 A
（资料性附录）
矿山现状调查表

表 A.1 矿山自然环境现状调查表

矿山基本情况	企业名称		通讯地址		邮编		法人代表	
	电话		传真		坐标			
	企业规模		建矿时间		设计生产能力/(10^4 t·a^{-1})		矿类	
							矿山面积/km^2	
							矿种	
	经济类型		生产现状		实际生产能力/(10^4 t·a^{-1})		开采层位	
							采矿方式	
							开采深度/m	

自然环境	气象条件	年平均气温、极端气温及时间		年平均降雨量、强降水历史及降水量		年平均蒸发量	
	地表水	河、湖、水库等水体分布		水体水深流量		现状水位、历史最高水位	
	地下水	含水层岩土类型	含水层空间分布	地下水埋深		年变化幅度	
	交通条件	矿区内道路情况		周边道路交通情况			

矿山企业：　　　　　　填表单位：　　　　　　填表人：　　　　　　审核人：　　　　　　填表日期：　　年　　月　　日

表 A.2 矿山生态环境现状调查表

	露采场					固体废料场					尾矿库					表土堆放场					总计	已治理面积/m²
	数量/个	面积/m²				数量/个	面积/m²				数量/个	面积/m²				数量/个	面积/m²				总面积/m²	
		占用土地情况/m²					占用土地情况/m²					占用土地情况/m²					破坏土地情况/m²					
采矿占用破坏土地情况		耕地	基本农田				耕地	基本农田				耕地	基本农田				耕地	基本农田				
			其他耕地					其他耕地					其他耕地					其他耕地				
			小计					小计					小计					小计				
		林地					林地					林地					林地					
		其他土地					其他土地					其他土地					其他土地					
		合计					合计					合计					合计					
采矿土石排放	类型					年排放量/10⁴ m³					年综合利用量/10⁴ m³					累计积存量/10⁴ m³					主要利用方式	
	废石(土)																					
	剥离表土																					
	合计																					
含水层破坏情况	影响含水层的类型					区域含水层遭受影响或破坏的面积/km²					地下水位最大下降幅度/m					含水层被疏干的面积/m²					受影响的对象	
植被破坏情况	破坏的植被种类										破坏的植被面积					破坏程度					破坏程度	
地形地貌景观破坏	破坏的地形地貌景观类型										被破坏的面积/m²										修复的难易程度	

矿山企业：　　　　　　　填表单位：　　　　　　　填表人：　　　　　　　审核人：　　　　　　　填表日期：　年　月　日

表 A.3 矿山地质环境现状调查表

地形地貌及微地貌	采场		渣土堆场		生活区		其他	
地质构造	地层时代、成因		主要岩性		岩浆岩		地质构造	
	矿体的形状、产状		矿体的数量和分布		矿石的矿物成分、结构构造		矿石类型	
工程地质条件	地基工程特性				现状稳定性			

矿山企业：　　　　　　填表单位：　　　　　　填表人：　　　　　　审核人：　　　　　　填表日期：　　年　　月　　日

表 A.4 矿山地质灾害现状调查表

编号			灾害类型		
灾害(隐患)名称					
位置					
经度		纬度		标高/m	
发生时间		发育程度		规模等级	
地质环境要素					
地表形态及变形特征					
结构及体积积特征					
诱发因素					
地质灾害已造成危害					
死亡人数/人		受伤人数/人		损毁房屋/间		损毁农田/hm^2		损毁道路/m		其他		直接经济损失/万元	
防治情况(防治工程概述及效果)					
威胁对象					
威胁人口/人		威胁房屋/间		威胁农田/hm^2		威胁道路/m		其他		威胁资产/万元		影响范围/hm^2	
防治建议					危害程度		险情等级	
平面图:			剖面图:		
照片记录			录像记录		

调查单位：　　　　　　　填表人：　　　　　　　审核人：　　　　　　　填表日期：　年　月　日

附 录 B
（规范性附录）
设计方案编制大纲

1 前言
　　1.1 项目由来
　　1.2 工作任务
　　1.3 编制依据
　　1.4 工作方法和主要工作量
　　1.5 取得的主要成果
2 矿山概况
　　2.1 自然地理
　　2.2 矿山开采条件
　　2.3 矿区周边其他工程情况
3 矿山环境现状及问题分析
　　3.1 矿山生态环境问题
　　3.2 矿山地质环境问题
4 矿山生态修复方案
　　4.1 治理原则和总体目标
　　4.2 功能定位
　　4.3 经济技术分析
　　4.4 地质灾害及隐患治理方案
　　4.5 生态修复方案
　　4.6 主要工程量
　　4.7 工程监测与维护方案
5 工程概算
　　5.1 编制依据
　　5.2 取费标准
　　5.3 投资概算
6 成效评估
　　6.1 生物及群落评价
　　6.2 土壤理化性质评价
　　6.3 灌溉水源适宜性评价
　　6.4 水土保持功能评价
　　6.5 修复效果总体评估
7 结论与建议

附图：
矿山地质环境现状图(1∶1 000～1∶5 000)
矿山生态环境现状图(1∶1 000～1∶5 000)
地质环境与生态修复工程布置图(1∶1 000～1∶2 000)
典型剖面图(1∶500～1∶2000)
生态修复工程效果图
其他图件、实景照片集

_____